BEI GRIN MACHT SICH IHR WISSEN BEZAHLT

- Wir veröffentlichen Ihre Hausarbeit,
  Bachelor- und Masterarbeit

- Ihr eigenes eBook und Buch -
  weltweit in allen wichtigen Shops

- Verdienen Sie an jedem Verkauf

Jetzt bei www.GRIN.com hochladen und kostenlos publizieren

Jonas Stecher

Zahlenbereichserweiterung in der Schule

Von den rationalen zu den reellen Zahlen

GRIN Verlag

Bibliografische Information der Deutschen Nationalbibliothek:

Die Deutsche Bibliothek verzeichnet diese Publikation in der Deutschen National-
bibliografie; detaillierte bibliografische Daten sind im Internet über http://dnb.d-
nb.de/ abrufbar.

Impressum:

Copyright © 2014 GRIN Verlag GmbH
Druck und Bindung: Books on Demand GmbH, Norderstedt Germany
ISBN: 978-3-656-94995-4

Dieses Buch bei GRIN:

http://www.grin.com/de/e-book/298395/zahlenbereicherweiterung-in-der-schule

GRIN - Your knowledge has value

Der GRIN Verlag publiziert seit 1998 wissenschaftliche Arbeiten von Studenten, Hochschullehrern und anderen Akademikern als eBook und gedrucktes Buch. Die Verlagswebsite www.grin.com ist die ideale Plattform zur Veröffentlichung von Hausarbeiten, Abschlussarbeiten, wissenschaftlichen Aufsätzen, Dissertationen und Fachbüchern.

Besuchen Sie uns im Internet:

http://www.grin.com/

http://www.facebook.com/grincom

http://www.twitter.com/grin_com

ZAHLENBEREICHSERWEITERUNG IN DER SCHULE

von den rationalen Zahlen ℚ
zu den reellen Zahlen ℝ

AUSZUG SEMINARARBEIT
zu
Methoden des Mathematikunterrichts 1

WINTERSEMESTER 2014/15

Erstellt von
Jonas Stecher

LEOPOLD-FRANZENS-UNIVERSITÄT INNSBRUCK

FAKULTÄT FÜR MATHEMATIK, INFORMATIK UND PHYSIK
INSTITUT FÜR MATHEMATIK

Innsbruck, Dezember 2014

1 Von den Rationalen Zahlen zu den Reellen Zahlen

1.1 Lehrplanbezug und Voraussetzungen

Im Laufe der Schulzeit verändert sich mehrfach der Begriff „Zahl". Das Thema der Reellen Zahlen kommt im Lehrplan in der 8. Schulstufe (4. Klasse[1] AHS) vor. Dort findet man unter „Arbeiten mit Zahlen und Maßen" folgendes:
Durch zusammenfassendes Betrachten das Zahlenverständnis vertiefen.
Anhand einfacher Beispiele erkennen, dass es Rechensituationen gibt, die nicht mit Hilfe der rationalen Zahlen lösbar sind.
In der 9. Schulstufe werden die Zahlenbereichserweiterungen vertieft:
Reflektieren über das Erweitern von Zahlenmengen an Hand von Natürlichen, Ganzen, Rationalen und Irrationalen Zahlen. Bewusstes und sinnvolles Umgehen mit exakten Werten und Näherungswerten. Nach der Einführung der Reellen Zahlen sieht der Lehrplan reellwertige Funktionen und Gleichungen mit Rellen Zahlen vor.

Für die systematische Einführung sollten die Schüler[2] folgende Vorausetzungen mitbringen:

- Sicherer Umgang mit den Natürlichen, den Ganzen Zahlen und den Quotientenkörper $\mathbb{Q} = \left\{ \frac{m}{n} : m, n \in \mathbb{Z}, n \neq 0 \right\}$: Dazu gehört auch das Verständnis, dass zwischen zwei beliebigen rationalen Zahlen sich immer eine weitere finden lässt

- Umrechnen von Brüchen in Dezimalschreibweise und umgekehrt. Somit haben die Schüler bereits periodische nicht abbrechende Dezimalzahlen kennen gelernt.

- Das Modell der Zahlengeraden zur Darstellung von Zahlen. Bisher sind neben den Ganzen Zahlen die Rationalen Zahlen als Punkte dazwischen vorgekommen.

- Der Satz des Pythagoras zum geometrischen Verständnis von Wurzeln.

- Ganzzahlige Potenzen und deren Rechenregeln.

- Erfahrungen mit einfachen Mathematischen Beweisen (optimal mit Widerspruch)

1.2 Lernziele

Kognitiv

- Erkenntnis, dass nicht jede Länge als Rationale Zahl aufgefasst werden kann.

- Verständnis der Analogie zwischen den Reellen Zahlen und dem geometrischen Modell der Zahlengerade.

- Verstehen, warum $\sqrt{2}$ keine Rationale Zahl ist. Verstehen, dass man diese Zahl nicht als abbrechende Dezimalzahl darstellen kann.

---

[1]in Südtirol: 3. Klasse Mittelschule
[2]Mit „Schüler" sind in Folge ausdrücklich beide Geschlechter gemeint

Affektiv

- Faszination und Verständnis für die Exaktheit von Zahlen. Besserer Umgang mit dem Begriff der Unendlichkeit.

Psychomotorisch

- Konstruieren von Zahlen mit „Bleistift und Lineal" auf der Zahlengeraden. Genaues Arbeiten mit diesen Mitteln.

1.3 Die Zahlengerade als Geometrisches Modell

Um sich Zahlen besser vorstellen zu können, ist das Modell der Zahlengeraden sehr hilfreich. Im Modell der Zahlengeraden werden Zahlen als Punkte aufgefasst. Jede rationale Zahl kann nach Festlegen eines Nullpunktes und der Zahl 1 auf der Zahlengeraden als Punkt identifiziert werden.

Die Länge zwischen dem Nullpunkt und beliebigen Punkten werden als Reelle Zahlen interpretiert. Wir werden später zeigen, dass zur Beschreibung beliebiger Längen die Rationalen Zahlen nicht ausreichen. Die Analogie der Reellen Zahlen zu beliebigen Punkten auf der Zahlengeraden kann für das Verständnis der Vollständigkeit der reellen Zahlen eine Hilfe sein.

Abbildung 1: Die Zahlengerade

Die alternative Einführung der Reellen Zahlen durch die Konstruktion von Addition und Multiplikatoin von Zahlen mit „Bleistift und Lineal" wird im Kapitel 5 genauer Beschrieben.

1.4 Motivation und Einführung

Die Schüler wissen an dieser Stelle bereits, dass sich zwischen zwei Rationale Zahlen immer eine weitere Rationale Zahl finden lässt. Dies bedeutet, dass zwischen zwei Rationalen Zahlen sich unendliche viele weitere befinden. Wir bauen diesen Sachverhalt als „Reaktivieren" zu Beginn der Unterrichtseinheit ein.

Da man durch oftmalige Unterteilung offensichtlich jedem Punkt auf der Zahlengerade beliebig nahe kommt, liegt der Schluss nahe, jeder Punkt könne durch eine rationale Zahl dargestellt werden. Die Tatache, dass die Rationalen Zahlen die Zahlengerade aber dennoch nicht ausfüllen, also „Lücken" frei lassen, kann für die Schüler schwer vorstellbar sein.

Um dies zu widerlegen kann das typische Gegenbeispiel, die Länge der Diagonale eines Quadrates mit Seitenlänge 1, herangezogen werden. Nach dem pythagoräischen Lehrsatz gilt für die Diagonale d dieses Quadrates

$$1^2 + 1^2 = d^2$$

Demnach ist d also eine Zahl sein, deren Quadrat 2 ist. Man kann zeigen, dass es in $\mathbb{Q}$ aber keine solche Zahl gibt.

Über diesen analytischen Zugang wird der Übergang von den Rationalen zu den Reellen Zahlen in der geplanten Unterrichtsstunde mit den Schülern anhand eines Arbeitsblattes behandelt.

Das Problem kann man auf der Zahlengeraden graphisch plakativ veranschaulichen:

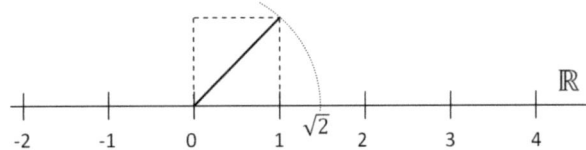

Abbildung 2: Die irrationale Zahl $\sqrt{2}$ auf der Zahlengeraden

Die Schüler erarbeiten dies selbständig entweder allein oder in Partnerarbeit anhand des Arbeitsblattes. Bei Schwierigkeiten bietet der Lehrer[3] Unterstützung an. In einer weiteren Übung sollen die Schüler durch Probieren die irrationale Zahl erst durch zwei Natürliche Zahlen, dann durch die benachbarten Dezimalzahlen eingrenzen, wobei schrittweise eine Nachkommastelle hinzugenommen wird. Bei diesem Vorgehen handelt es sich eigentlich um eine Intervallschachtelung, die gegen $\sqrt{2}$ konvergiert. Obwohl der Begriff „Intervall" erst später eingeführt wird, sollten die Schüler nun auf die Vermutung kommen, dass man diese Zahl nicht als Bruchzahl schreiben kann.

Der Beweis, dass die Zahl $\sqrt{2}$ keine Rationale Zahl ist, kann nun sinnvoll sein. Die Schüler sollten bereits Erfahrungen mit einfachen Beweisen gemacht haben. Optimal wäre natürlich, wenn sie bereits einen Beweis durch Widerspruch (z.B. es gibt unendlich viele Natürliche Zahlen) kennen gelernt haben. In diesem Fall sollte der Beweis auch für Schüler nachvollziehbar sein, wenn darauf geachtet wird, dass die die Schüler mitarbeiten und bei allen Schritten eventuelle Fragen geklärt werden. Damit wird nun deutlich, dass mit den Rationalen Zahlen nicht alle Punkte auf der Zahlengeraden erfasst werden können. Wir haben in der Unterrichtseinheit vorgesehen, dass der Lehrer den Beweis auf der Tafel vorführt.

---

[3]Mit „Lehrer" sind in Folge ausdrücklich beide Geschlechter gemeint.

Nachfolgend der Beweis:

$\sqrt{2} \notin \mathbb{Q}$ d.h. $\sqrt{2}$ ist keine Bruchzahl

Wir zeigen vorerst, dass das Quadrat einer geraden Zahl gerade und das Quadrat einer ungeraden Zahl ungerade ist:
Sei einerseits l eine gerade Zahl: $l = 2k$, $k \in \mathbb{N}$.
Dann gilt: $l^2 = (2k)^2 = 4k^2 = 2(2k^2) \Rightarrow l$ ist gerade. Sei andererseits l eine ungerade Zahl: $l = 2k + 1$, $k \in \mathbb{N}$.
Dann gilt: $l^2 = (2k+1)^2 = 4k^2 + 4k + 1 = 2(2k^2 + 2k) + 1 \Rightarrow l$ ist ungerade. Damit zeigen wir nun durch Widerspruch, dass es keine rationale Zahl $x \in \mathbb{Q}$ gibt, sodass

$$x^2 = 2$$

Dazu nehmen wir das Gegenteil an: es gibt $x \in \mathbb{Q}$ mit $x^2 = 2$. So können wir 2 teilerfremde (gekürzt) natürliche Zahlen m und n finden, sodass

$$x = \frac{m}{n}$$

Durch Quadrieren und Multiplikation mit n^2 erhalten wir

$$x^2 = \frac{m^2}{n^2} = 2 \Rightarrow m^2 = 2n^2$$

Somit ist m^2 gerade und damit auch m gerade. Wir können also eine natürliche Zahl k finden, sodass $m = 2k$. Einsetzen liefert damit

$$m^2 = 4k^2 = 2n^2 \Rightarrow 2k^2 = n^2$$

Damit wäre auch n gerade. Also sind m und n beide gerade, womit sie nicht teilerfremd sind (2 ist ein gemeinsamer Teiler). Dies steht im Widerspruch zur Annahme, dass m und n teilerfremd sind. Daher ist die oben getroffene Annahme falsch und $\sqrt{2} \notin \mathbb{Q}$

Dies bedeutet, dass die Rationalen Zahlen der Zahlengeraden Lücken frei lassen und somit die rationalen Zahlen die Zahlengerade nicht ausfüllen. Die reellen Zahlen dagegen füllen die Zahlengerade komplett aus und sind eine Obermenge der bereits kennengelernten Mengen:

$$\mathbb{R} \supseteq \mathbb{Q} \supseteq \mathbb{Z} \supseteq \mathbb{N}$$

Die Einfhrung anhand der Körper- und Anordnungsaxiome sowie dem Vollständigkeitsaxiom wäre in der Schule zu schwierig. Man kann die irratonalen Zahlen aber als Menge der nicht abbrechenden, nicht periodischen Dezimalzahlen erklären:

Jede reelle Zahl $a \in \mathbb{R}$ lässt sich als unendliche Dezimalzahl

$$a = \pm d_0, d_1 d_2 d_3 ...$$

mit $d_0 \in \mathbb{N}_{\nvdash}$ und $d_1, d_2, d_3, ... \in 0, 1, ..., 9$ auffassen. Damit kann man sich auch ohne den Grenzwertbegriff vorstellen, dass die reellen Zahlen beliebig nahe aneinander liegen und damit alle Punkte der Zahlengeraden bilden.

Neben der Zahl $\sqrt{2}$ kann man auch die Wurzeln weiterer Natürlicher Zahlen auf der Zahlengeraden konstruieren. Alle Wurzeln, die nicht Ganze Zahlen sind, sind irrationale Zahlen.

4

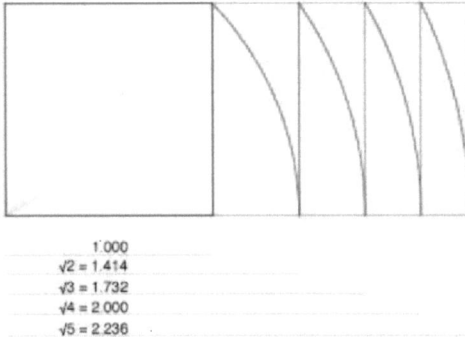

$$1.000$$
$$\sqrt{2} = 1.414$$
$$\sqrt{3} = 1.732$$
$$\sqrt{4} = 2.000$$
$$\sqrt{5} = 2.236$$

Abbildung 3: Konstruktion von Wurzeln Natürlicher Zahlen auf der Zahlengeraden

Wir haben hierfür die Konstruktion der Zahl $\sqrt{3}$ als Hausübung vorgesehen (siehe Arbeitsblatt Hausübung). Dabei wird die Interpretation als Raumdiagonale des Einheitsquadrates als Hilfestellung gegeben.

Die Schüler können dabei entdecken, dass man auf die selbe Art sukzessive alle Wurzeln von Natürlichen Zahlen konstruieren kann. Dabei fällt auf, dass man beim Konstruieren von $\sqrt{4}$ auf 2 kommt.

1.5 Weiterführende Themen der folgenden Unterrichtseinheiten

Die Einführung der Reellen Zahlen bildet die Basis für das Rechnen und Problemlösen mit Reellen Zahlen. In den nächsten Unterrichtseinheiten können folgende Themen behandelt werden:

- Die Rechenregeln für die Reellen Zahlen:
  Assoziativgesetz: $(a + b) + c = a + (b + c)$ und $(ab)c = a(bc)$
  Kommutativgesetz: $a + b = b + a$ und $ab = ba$
  Distributivgesetz: $(a + b)c = ac + bc$

- Die Umformungen Ausmultiplizieren und Herausheben

- eventuell das Geometrische Modell zum Konstruieren der Multiplikation und der Addition Reeller Zahlen (siehe Kapitel 5)

- Das Rechnen mit Wurzeln als Potenzen mit rationalem Exponenten

- Binom'sche Formeln

- Intervalle:
  Offene, halboffene und abgeschlossene Intervalle als Teilmengen der Rationalen Zahlen. z.b. das abgeschlossene Intervall: $[a, b] := \{x \in \mathbb{R} | a \leq x \leq b\}$

- Abzählbarkeit der Rationalen und Überabzählbarkeit der Reellen Zahlen.

Um von den Schülern die vorgeschlagenen Beispiele zum geometrischen Modell (siehe *Arbeitsblatt Hausübung* und *Kurztest*) verlangen zu können muss dieses in den folgenden Unterrichtseinheiten wenigstens ansatzweise behandelt werden (Mehr dazu siehe Kapitel 5). Zusammen mit der hier vorgestellten Einführung kann es zu einem besseren Verständnis beitragen.

1.6 Aspekte der Leistungsberprüfung

Die Einführung der Reellen Zahlen wäre für sich allein als Themenbereich für eine Schularbeit wahrscheinlich nicht ausreichen. Daher haben wir die Leistungsüberprüfung in diesem Fall als Kurztest ausgearbeitet. Dabei sind wir allerdings davon ausgegangen, dass neben den Inhalten der Einführungsstunde noch solche aus möglichen folgenden Unterrichtsstunden überprüft werden.

Für jedes der Beispiele werden jeweils 2 Punkte, vergeben. Die Noten ergeben sich nach folgendem Notenschlüssel:

Punkte	Note
≥ 2	5
3	4
4	3
5	2
6	1

1.7 Mathematische Hintergründe zu den reellen Zahlen

Die Reellen Zahlen bilden einen wichtigen **Zahlenbereich** insbesondere in der Analysis. Sie bilden eine Obermenge der Zahlenbereiche $\mathbb{N}$, $\mathbb{Z}$ und $\mathbb{Q}$:

$$\mathbb{N} \subset \mathbb{Z} \subset \mathbb{Q} \subset \mathbb{R}$$

Eine Erweiterung der Reellen Zahlen bilden die Komplexen Zahlen $\mathbb{C} \supset \mathbb{R}$. Im Gegensatz zu den Rationalen Zahlen besitzt die Menge der Reellen Zahlen die Eigenschaft der **Vollständigkeit**:

- Jede Cauchyfolge von Reellen Zahlen besitzt einen Grenzwert in $\mathbb{R}$.

- Zu einer Folge von geschachtelten Intervallen gibt es genau eine Reelle Zahl, die in allen Interallen enthalten ist.

In der Mathematik werden die Reellen Zahlen oftmals **axiomatisch eingeführt**:

- Die Reellen Zahlen bilden einen *Körper*:

  $(\mathbb{R}, +)$ ist eine kommutative Gruppe
  $(\mathbb{R}, \cdot)$ ist eine kommutative Gruppe
  Es gilt das Distributivgesetz $x \cdot (y + z) = x \cdot y + x \cdot z$

- Die Reellen Zahlen sind *total geordnet*.

  Transitivität: $x \leq y \wedge y \leq z \Rightarrow x \leq z$
  Antisymmetrie: $x \leq y \wedge y \leq x \Rightarrow x = y$
  Reflexivitität: $\forall x \in \mathbb{R} : x \leq x$
  Totalität: $\forall x, y \in \mathbb{R} : x \leq y \vee y \leq x$

- Die Reellen Zahlen sind *vollständig*:

  Das Supremum jeder nichtleeren und nach oben beschränkten Teilmenge von $\mathbb{R}$ existiert in $\mathbb{R}$.

1.8 Arbeitsblatt zur Einführungsstunde

Versuche das abgebildete Quadrat mit der Seitenlänge 1 (und Flächeninhalt 1) geometrisch derartig zu erweitern, dass sich der Flächeninhalt verdoppelt. Ermittle die Seitenlänge des neuen Quadrates a vorerst mittels Messung mit dem Lineal (Maßstab 1:4)

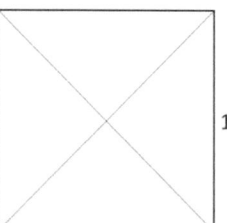

Berechne nun die Seitenlänge a mittels Satz des Pythagoras. $a = $ ___

Stelle a auf der Zahlengeraden dar!

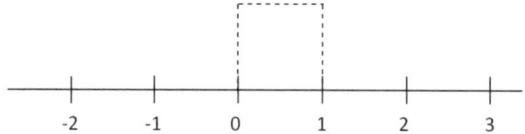

Wir möchten schließlich der Frage nachgehen, ob man die gesuchte Zahl exakt als rationale Zahl kann. Versuche im ersten Schritt zwei Natürliche Zahlen zu finden, zwischen denen a liegt. Finde dann die beiden Dezimalzahlen mit einer Nachkommastelle, zwischen denen a liegt. Füge nachfolgend schrittweise eine Nachkommastelle hinzu! Verwende dabei den Taschenrechner und die unten stehende Tabelle.

$x < a < y$	weil: x^2	und: y^2

Auf diese Art kommen wir der Zahl a immer näher, wobei aber eine Dezimalzahl mit endlich vielen Nachkommastellen (abbrechend) die Zahl a niemals exakt erreicht.

Wir werden nun gemeinsam einen Beweis erbringen, dass es sich hier nicht um eine Rationale Zahl handelt. Es gilt also $a \notin \mathbb{Q}$. Versuche die Schritte im Beweis nachvollziehen zu können.

Zusammenfassung :

Wir haben bereits die *Zahlengerade* als Modell zur Darstellung von Zahlen kennen gelernt. Wollen wir **alle Zahlen** auf der Zahlengeraden erfassen, reicht dafür die Menge der Rationale Zahlen $\mathbb{Q}$ nicht aus. Die Menge aller Punkte auf der Zahlengeraden nennen wir **Reelle Zahlen** und schreiben dafür kurz $\mathbb{R}$.
Die bisher kennengelernten Zahlenbereiche sind Teilmengen der Reellen Zahlen:

$$\mathbb{N} \subset \mathbb{Z} \subset \mathbb{Q} \subset \mathbb{R}$$

Jede reelle Zahl $a \in \mathbb{R}$ kann man als unendliche Dezimalzahl auffassen:

$$a = \pm d_0, d_1 d_2 d_3 ...$$

mit $d_0 \in \mathbb{N}_{\nvdash}$ und $d_1, d_2, d_3, ... \in 0, 1, ..., 9$.
Die Zahlen der Zahlengerade, welche wir nicht als Bruchzahl schreiben können

$$\{x \in \mathbb{R} | x \notin \mathbb{Q}\}$$

nennen wir **irrationale Zahlen**. Als Dezimalzahlen sind sie **nicht abbrechend** und auch **nicht periodisch**

1.9 Arbeitsblatt Hausübung

Neben der Zahl $\sqrt{2}$ sind alle Quadratwurzeln von Zahlen, welche nicht Quadratzahlen (4, 9, 16, 25, ...) sind irrationale Zahlen. Überlege anhand der nachstehenden Grafik (Einheitswürfel) wie man auf der Zahlengeraden die reelle Zahl $\sqrt{3} \in \mathbb{R}$ darstellen kann und führe die Konstruktion darunter aus.
Von $\sqrt{3}$ ausgehend kannst du auf die selbe Art $\sqrt{4}$ konstruieren. Was fällt dir auf?

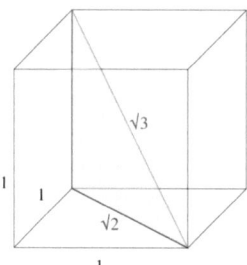

Wie wir wissen, kann jede beliebige reelle Zahl als Punkt auf der Zahlengeraden aufgefasst werden. In der nachfolgenden Skizze sind die reellen Zahlen a und c nach Festlegung des Nullpunktes und der Zahl 1 gegeben. Konstruiere die Summe $a + c$ mit Hilfe des Zirkels. Konstruiere das Produkt $a \cdot c$.

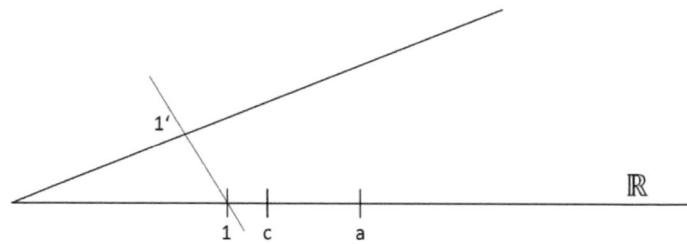

1.10 Leistungsüberprüfung zur Einführung der Reellen Zahlen (Kurztest)

1. Begründe ohne Taschenrechner, warum die Aussagen nicht richtig sein können:
   Hinweis: Versuche die Wurzeln durch Natürliche Zahlen einzuschränken.

   $$\sqrt{5} + \sqrt{11} = 4$$

   $$\sqrt{7} = \sqrt{9-2} = \sqrt{9} - 2 = 3 - 2 = 1$$

2. Konstruiere auf der Zahlengeraden die Zahl $\sqrt{2}$. Dafür kann die unten stehende Vorlage verwendet werden.
   Multipliziere die Zahl $\sqrt{2}$ dann mit sich selbst. Was fällt dir auf?

3. Forme die Zahl

   $$\frac{1}{\sqrt{2}}$$

   so um, dass du sie auf die bekannte Weise konstruieren kannst. Führe die Konstruktion aus!

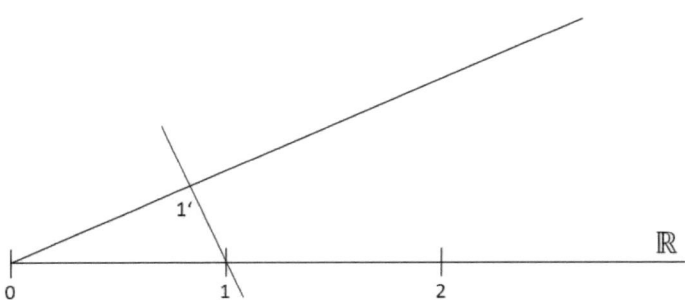

1.11 Stundenbild der Einführungsstunde

Stundenbild (ARIVA Modell) zur Einführungsstunde von $\mathbb{Q}$ zu $\mathbb{R}$

Schule: Bundesrealgymnasium in der Au; Schuljahr: 2014/15; Klasse 4a; Datum 06.12.14;

Thema der Stunde: Die Einführung der Reellen Zahlen. Name: Jonas Stecher; Betreuungslehrer: Prof. Musterlehrer

Voraussetzungen: Rationale Zahlen, Dezimalzahlen, Zahlengerade, Satz des Pythagoras, Ganzzahlige Pozenzen, einfache Beweise.

	Ziel	Inhalt	Methode / Sozialform	Zeit	Material
Ausrichten	Stundeninhalt vorstellen	Frage: Darstellung jeder beliebigen Länge	Lehrer-Schüler-Interaktion	2'	Tafel
Reaktivieren	Vorwissen abrufen	Rationale Zahlen zwischen 2 beliebigen Rationalen Zahlen	Lehrer-Schüler-Interaktion	3'	Tafel
Informieren	Vorwissen abrufen, hinführen zum Problem	$\sqrt{2}$ als Diagonale des Einheitsquadrates	Geometrisches Skizzieren, eigenes Überlegen. Selbstständiges Arbeiten bzw. Partnerarbeit.	25'	Arbeitsblatt "Einführung", Taschenrechner
Verarbeiten	Erkenntnis der Unvollständigkeit der rationalen Zahlen	Beweis: $\sqrt{2}$ keine rationale Zahl	Lehrervortrag. Fragen von Schülern werden beantwortet.	14'	Tafel
Auswerten	Sicherung der gelernten Inhalte.	Zusammenfassung auf dem Arbeitsblatt, Definition der reellen Zahlen	Gemeinsames Besprechen, Definieren, Fragen klären.	6'	Arbeitsblatt (Zusammenfassung)